Vorgelegt durch Herrn HÖLDER in der Sitzung vom 13. November 1954
Manuskript eingeliefert am 9. Dezember 1954
Druckfertig erklärt am 30. April 1955

Erschienen im Akademie-Verlag GmbH., Berlin W 8, Mohrenstraße 39
Veröffentlicht unter der Lizenznummer 1217
des Amtes für Literatur und Verlagswesen der Deutschen Demokratischen Republik
Satz und Druck: Druckhaus „Maxim Gorki", Altenburg
Bestell- und Verlagsnummer 2027/101/6
Preis: DM 2,30
Printed in Germany

BERICHTE ÜBER DIE VERHANDLUNGEN DER SÄCHSISCHEN
AKADEMIE DER WISSENSCHAFTEN ZU LEIPZIG

Mathematisch-naturwissenschaftliche Klasse
Band 101 · Heft 6

HANS SCHUBERT / ERICH SCHINCKE

ZUR ERMITTLUNG VON UNTERSCHALLSTRÖMUNGEN MIT DER TRANSFORMATIONSMETHODE BEI QUADRATISCHER APPROXIMATION DER ADIABATE

1955

AKADEMIE-VERLAG · BERLIN

Herrn Professor Dr. Fr. A. WILLERS
zum 70. Geburtstag gewidmet

1. Einleitung[1]

Um die Ermittlung der Unterschallströmung um ein vorgegebenes Profil mit der Hodographenmethode zu vereinfachen und vor allem den recht erheblichen Rechenaufwand dieser Methode herabzudrücken, hat man in neuerer Zeit die adiabatische Zustandsgleichung durch gewisse Druck-Dichte-Beziehungen mit drei freien Parametern ersetzt. Bei R. SAUER [1] wird durch geeignete Wahl dieser Parameter eine quadratische Approximation des Adiabatengesetzes erreicht und der Übergang von der Strömungsebene (xy-Ebene) zur Hodographenebene ($w\vartheta$-Ebene) einmal durch die Tschapligin-Transformation der Stromfunktion und das andere Mal durch die Legendre-Transformation des Geschwindigkeitspotentials vollzogen. Zur Erfüllung der Konturbedingung wird von der inkompressiblen Strömung um ein vorgelegtes Profil ausgegangen und hieraus durch die angegebenen Transformationen eine kompressible Strömung um ein benachbartes Profil gewonnen, die an Stelle der exakten Adiabate einer quadratisch approximierenden Kurve genügt. Eine Durchführung der Gedankengänge von R. SAUER findet der Leser in den Arbeiten [3], [4] von W. MÜLLER, wo zugleich gezeigt wird, daß die Sauersche Approximation der Adiabate nur in einem Intervall $M_1 \leqq M \leqq M_2$ der örtlichen Machzahl $M = \frac{w}{a}$ möglich ist, das die Punkte $M = 0$ und $M = 1$ nicht enthält.

Im folgenden wird eine quadratische Approximation der Adiabatenkurve im Machzahlintervall $0 \leqq M < 1$ erzielt, indem die lineare Differentialgleichung für die Stromfunktion in der Geschwindigkeitsebene nicht wie bei R. SAUER auf die Laplacesche Differentialgleichung, sondern auf die Schwingungs-

---

[1] Diese Arbeit wurde auszugsweise am 22. 4. 54 auf der Jahrestagung der Ges. f. angew. Mathematik und Mechanik (GAMM) in München vorgetragen.

gleichung reduziert wird, deren Lösungsvorrat ebensogut bekannt und mindestens ebenso reichhaltig ist wie derjenige der Laplace-Gleichung. Alsdann wird für eine Strömung um ein doppeltsymmetrisches Profil ohne Zirkulation die Singularität ermittelt, die die Stromfunktion in der Hodographenebene im Bildpunkt der Grundströmung besitzt. Dagegen bleibt das allgemeine Konturproblem noch offen. Jedoch wird eine Reihenentwicklung der Stromfunktion mit freien Koeffizienten angegeben und an Hand eines Beispiels gezeigt, daß darin eine Strömung um ein kreisnahes Profil mit zwei Staupunkten enthalten ist.

Die Problemstellung in der Strömungsebene läßt sich etwa folgendermaßen formulieren: In einer xy-Ebene sei eine stationäre kompressible Strömung einer reibungslosen Flüssigkeit um ein symmetrisches Profil S, z. B. um einen Kreis, gegeben. Die Anströmungsgeschwindigkeit w_0 im Unendlichen sei der positiven x-Achse parallel und gleichgerichtet. Dann gilt zunächst im Außengebiet T_I des Profils S überall die Kontinuitätsgleichung

$$\text{div}\, \varrho \mathfrak{w} = 0. \tag{1.1}$$

Die Dichte ϱ sei eine Funktion des Druckes p allein, d. h. es sei

$$\varrho = \varrho(p) \text{ oder } p = p(\varrho); \tag{1.2}$$

jedoch soll die Festlegung dieser Beziehung zwischen p und ϱ erst später erfolgen. Der Zusammenhang zwischen Druck und Geschwindigkeit wird dann durch die Bernoullische Gleichung

$$\frac{1}{2}(w^2 - w_0^2) + \int_{p_0}^{p} \frac{dp}{\varrho(p)} = 0 \tag{1.3}$$

geliefert, wobei mit dem Index 0 die entsprechenden Funktionswerte im Unendlichen bezeichnet werden. Die örtliche Schallgeschwindigkeit a denken wir uns durch

$$a^2 = \frac{dp}{d\varrho} \tag{1.4}$$

gegeben und setzen überall

$$w < a \tag{1.5}$$

voraus. Außerdem werde angenommen, daß die Strömung in T_I überall wirbelfrei sei, d. h. in T_I überall

$$\operatorname{rot} \mathfrak{w} = 0 \tag{1.6}$$

gilt. Wegen (1.1) und (1.6) existieren dann in T_I eine Stromfunktion $\Psi(x, y)$ und ein Geschwindigkeitspotential $\Phi(x, y)$, die durch die bekannten Beziehungen

$$\Phi_x = \frac{\varrho_0}{\varrho} \Psi_y, \qquad \Phi_y = -\frac{\varrho_0}{\varrho} \Psi_x \tag{1.7}$$

miteinander verbunden sind. Die Stromfunktion $\Psi(x, y)$ sei so normiert, daß die Kontur S durch

$$\Psi(x, y) = 0 \tag{1.8}$$

geliefert werde. Damit die Strömung im Unendlichen in die vorgeschriebene Grundströmung übergeht, müssen schließlich die Grenzbedingungen

$$\lim \frac{\varrho_0}{\varrho} \Psi_y = w_0, \qquad \lim \frac{\varrho_0}{\varrho} \Psi_x = 0 \quad \text{für } x^2 + y^2 \to \infty \tag{1.9}$$

erfüllt sein. Zu ermitteln ist die Stromfunktion, wenn die Bedingungen (1.8) und (1.9) vorgeschrieben sind.

2. Die Differentialgleichung der Stromfunktion in der Geschwindigkeitsebene

Den Übergang von der Strömungsebene zur Geschwindigkeitsebene vollzieht man bekanntlich, indem man die Ortskoordinaten x, y sowie die beiden Funktionen $\Phi(x, y)$, $\Psi(x, y)$ als Funktionen der Geschwindigkeitskoordinaten w, ϑ auffaßt, wo ϑ den Neigungswinkel zwischen dem Geschwindigkeitsvektor und der x-Achse bezeichnet. Dann erhält man an

Stelle des Systems (1.7) das neue System (vgl. [2], S. 103 Gl. (173))

$$\Phi_w = -\frac{\varrho_0}{\varrho}\left(1-\frac{w^2}{a^2}\right)\frac{1}{w}\,\Psi_\vartheta, \quad \Phi_\vartheta = \frac{\varrho_0}{\varrho}\,w\,\Psi_w. \tag{2.1}$$

Bei der Durchführung dieses Übergangs von der Strömungsebene zur Geschwindigkeitsebene muß man noch voraussetzen, daß das Strömungsgebiet T_I in der xy-Ebene umkehrbar eindeutig auf ein gewisses Gebiet T_{II} der $w\vartheta$-Ebene abgebildet wird, das im allgemeinen mehrblättrig ist. Wegen (1.2), (1.3) und (1.4) darf man p, ϱ und a^2 als Funktionen von w^2 auffassen, so daß auch der Ausdruck

$$K(w) = \frac{\varrho_0}{\varrho}\sqrt{1-\frac{w^2}{a^2}} \tag{2.2}$$

nur von w^2 abhängig ist. Aus (2.1) erhält man durch Einführung von (2.2) das Gleichungssystem

$$\Phi_w = -K(w)\sqrt{1-\frac{w^2}{a^2}}\,\frac{1}{w}\,\Psi_\vartheta, \quad \Phi_\vartheta = \frac{K(w)}{\sqrt{1-\frac{w^2}{a^2}}}\,w\,\Psi_w. \tag{2.3}$$

Um diesem System eine symmetrische Gestalt zu geben, gehen wir mittels der Tschapligin-Transformation

$$\ln\omega = \int_{w_0}^{w}\sqrt{1-\frac{w^2}{a^2}}\,\frac{dw}{w}, \quad \vartheta = \vartheta \tag{2.4}$$

von der $w\vartheta$-Ebene zur $\omega\vartheta$-Ebene über und erhalten aus (2.3) ein System Beltramischer Differentialgleichungen

$$\Phi_\omega = -K(\omega)\,\frac{1}{\omega}\,\Psi_\vartheta, \quad \Phi_\vartheta = K(\omega)\,\omega\,\Psi_\omega, \tag{2.5}$$

das bereits von A. BUSEMANN [5] hergeleitet wurde. Durch die Transformation (2.4) wird das Gebiet T_{II} der $w\vartheta$-Ebene umkehrbar eindeutig auf ein gewisses Gebiet T_{III} der $\omega\vartheta$-Ebene abgebildet, das ebenfalls mehrblättrig ist, wenn T_{II} mehrblättrig war; damit ist zugleich eine umkehrbar eindeutige

Punktzuordnung zwischen den Gebieten T_I und T_{III} hergestellt.

Eliminiert man aus den beiden Differentialgleichungen (2.5) das Geschwindigkeitspotential $\Phi(\omega, \vartheta)$, indem man die erste dieser Gleichungen nach ϑ und die zweite nach ω differenziert, so ergibt sich für die Stromfunktion $\Psi(\omega, \vartheta)$ die lineare Differentialgleichung zweiter Ordnung

$$\Psi_{\omega\omega} + \left(\frac{K_\omega}{K} + \frac{1}{\omega}\right)\Psi_\omega + \frac{1}{\omega^2}\Psi_{\vartheta\vartheta} = 0, \tag{2.6}$$

in der

$$K_\omega = \frac{dK}{d\omega}$$

bedeutet. Nunmehr führen wir ähnlich wie bei Sauer [1] eine reduzierte Stromfunktion $\psi(\omega, \vartheta)$ durch

$$\Psi(\omega, \vartheta) = \frac{\psi(\omega, \vartheta)}{\sqrt{K(\omega)}} \tag{2.7}$$

ein, für die sich aus (2.6) die Differentialgleichung

$$\begin{aligned} &\psi_{\omega\omega} + \frac{1}{\omega}\psi_\omega + \frac{1}{\omega^2}\psi_{\vartheta\vartheta} + \\ &+ \frac{1}{2}\left\{\frac{1}{2}\left(\frac{K_\omega}{K}\right)^2 - \frac{1}{\omega}\frac{K_\omega}{K} - \frac{K_{\omega\omega}}{K}\right\}\psi = 0 \end{aligned} \tag{2.8}$$

ergibt. Diese Differentialgleichung reduzieren wir abweichend von Sauer durch die Forderung

$$\frac{1}{2}\left(\frac{K_\omega}{K}\right)^2 - \frac{1}{\omega}\frac{K_\omega}{K} - \frac{K_{\omega\omega}}{K} = k^2 \tag{2.9}$$

nur auf die Schwingungsgleichung

$$\triangle\psi + \frac{k^2}{2}\psi = 0 \tag{2.10}$$

mit dem freien Parameter k^2 und legen damit im nächsten Abschnitt gewisse Druck-Dichte-Beziehungen fest, die eine quadratische Approximation der Adiabatenkurve ermöglichen.

Zur Durchführung der Transformation (2.7) der Stromfunktion ist noch die gewöhnliche Differentialgleichung (2.9) aufzulösen, die sich auch in der Form

$$\left(\frac{K_\omega}{K}\right)_\omega + \frac{1}{2}\left(\frac{K_\omega}{K}\right)^2 + \frac{1}{\omega}\frac{K_\omega}{K} + k^2 = 0 \tag{2.11}$$

schreiben läßt. Man bestätigt durch Einsetzen leicht, daß die Gleichung (2.11) die allgemeine Lösung

$$K(\omega) = C\left\{Z_0\left(\frac{k}{\sqrt{2}}\,\omega\right)\right\}^2$$

besitzt, in der Z_0 eine Zylinderfunktion der Ordnung Null und C eine beliebige Konstante bezeichnet. Da die durch (2.2) erklärte Funktion $K(w)$ für $w \to 0$ endlich bleiben muß und wegen (2.4) ω mit w zugleich gegen Null geht, so muß $K(\omega) = K(w)$ für $\omega \to 0$ ebenfalls endlich bleiben, und als Lösung von (2.11)

$$K(\omega) = C\left\{J_0\left(\frac{k}{\sqrt{2}}\,\omega\right)\right\}^2$$

gewählt werden. Ferner ergibt sich durch Vergleich mit (2.2) schließlich

$$K(\omega) = \sqrt{1 - \frac{w_0^2}{a_0^2}}\left\{\frac{J_0\left(\frac{k}{\sqrt{2}}\,\omega\right)}{J_0\left(\frac{k}{\sqrt{2}}\right)}\right\}^2. \tag{2.12}$$

3. Ermittlung zulässiger Druck-Dichte-Beziehungen

Um solche Druck-Dichte-Beziehungen zu ermitteln, für die die Forderung (2.9) erfüllt ist, erinnern wir zunächst daran, daß wir $\frac{a^2}{a_0^2}$ und $\frac{\varrho}{\varrho_0}$ als Funktionen von w^2 auffassen dürfen. Die beiden Funktionen denken wir uns daher durch eine Parameterdarstellung der Form

$$(3.1)\qquad \begin{aligned} \frac{a^2}{a_0^2} &= 1 + a_1 (q - q_0) + a_2 (q - q_0)^2 + \cdots \\ \frac{\varrho}{\varrho_0} &= 1 + b_1 (q - q_0) + b_2 (q - q_0)^2 + \cdots \end{aligned}$$

mit

$$(3.2)\qquad q = \frac{w^2}{a_0^2}$$

gegeben und setzen voraus, daß die beiden Potenzreihen auf der rechten Seite von (3.1) in einer gewissen Umgebung der Entwicklungsstelle $q_0 = \frac{w_0^2}{a_0^2}$ konvergieren. Die Koeffizienten a_ν und b_ν dieser Potenzreihen sind nun mit Hilfe der Forderung (2.9) sowie der übrigen oben hergeleiteten Beziehungen zu bestimmen. Aus (1.4) und (3.1) folgt dann

$$\begin{aligned} \frac{dp}{dq} = a^2 \frac{d\varrho}{dq} &= \varrho_0 a_0^2 \frac{a^2}{a_0^2} \frac{d}{dq} \left(\frac{\varrho}{\varrho_0}\right) \\ &= \varrho_0 a_0^2 \{1 + a_1 (q - q_0) + a^2 (q - q_0)^2 + \cdots\} \\ &\qquad \cdot \{b_1 + 2 b_2 (q - q_0) + 3 b_3 (q - q_0)^2 + \cdots\} \end{aligned}$$

und hieraus durch Integration nach q

$$(3.3)\qquad p - p_0 = \varrho_0 a_0^2 \left\{ b_1 (q - q_0) + (a_1 b_1 + 2 b_2) \frac{(q - q_0)^2}{2} + \cdots \right\}.$$

Diese Formel liefert zusammen mit der zweiten Gleichung von (3.1) eine Parameterdarstellung der gesuchten Druck-Dichte-Beziehung.

Zur Ermittlung der a_ν und b_ν benötigen wir zwei Gleichungen zwischen $\frac{a^2}{a_0^2}$ und $\frac{\varrho}{\varrho_0}$. Um die eine dieser Gleichungen zu gewinnen, führen wir in (1.3) die dimensionslose Veränderliche q ein und erhalten durch anschließende Differentiation nach q

$$\frac{a_0^2}{2} + \frac{1}{\varrho} \frac{dp}{d\varrho} \frac{d\varrho}{dq} = 0$$

oder wegen (1.4)

$$\frac{a^2}{a_0^2}\frac{d}{dq}\left(\frac{\varrho}{\varrho_0}\right) = -\frac{1}{2}\frac{\varrho}{\varrho_0}. \tag{3.4}$$

Den zweiten Zusammenhang zwischen $\frac{a^2}{a_0^2}$ und $\frac{\varrho}{\varrho_0}$ gewinnt man aus (2.2) und (2.12) zunächst in der Gestalt

$$\sqrt{\frac{1-\frac{a_0^2}{a^2}q}{1-q_0}} = \frac{\varrho}{\varrho_0}\left\{\frac{J_0\left(\frac{k}{\sqrt{2}}\,\omega\right)}{J_0\left(\frac{k}{\sqrt{2}}\right)}\right\}^2. \tag{3.5}$$

Hinzu kommt noch die erste der Gleichungen (2.4), die sich mit Hilfe von (3.2) auch in der Form

$$\ln\omega^2 = \int_{q_0}^{q}\sqrt{1-\frac{a_0^2}{a^2}q}\,\frac{dq}{q} \tag{3.6}$$

schreiben läßt. Führt man nun die Reihenentwicklungen (3.1) zunächst in die Gleichung (3.4) ein, so erhält man durch Koeffizientenvergleich

$$\begin{gathered} b_1 = -\frac{1}{2}, \quad a_1 b_1 + 2b_2 = -\frac{b_1}{2}, \\ a_2 b_1 + 2a_1 b_2 + 3b_3 = -\frac{b_2}{2}, \ldots \\ a_\nu b_1 + 2a_{\nu-1}b_2 + \ldots + \nu a_1 b_\nu + (\nu+1)\,b_{\nu+1} = -\frac{1}{2}\,b_\nu \end{gathered} \tag{3.7}$$

und ist damit in der Lage, die b_ν durch die a_ν auszudrücken. Für den Integranden von (3.6) lautet die Potenzreihenentwicklung nach $q - q_0$

$$\frac{1}{q}\sqrt{1-\frac{a_0^2}{a^2}q} = \sqrt{\frac{\frac{a^2}{a_0^2}-q}{\frac{a^2}{a_0^2}q^2}} =$$

$$= \frac{\sqrt{1-q_0}}{q_0}\left\{1+\frac{1}{2q_0^2}\,\frac{a_1 q_0^3 + q_0^2 - 2q_0}{1-q_0}\,(q-q_0)+\ldots\right\};$$

mithin gilt in einer genügend kleinen Umgebung von q_0

$$(3.8)\quad \begin{aligned}\omega^2 = 1 + \frac{\sqrt{1-q_0}}{q_0}(q-q_0) + \\ + \frac{1}{2}\left\{\frac{1-q_0}{q_0^2} + \frac{a_1 q_0^2 + q_0 - 2}{2q_0^2\sqrt{1-q_0}}\right\}(q-q_0)^2 + \dots\end{aligned}$$

Wie diese Reihenentwicklung zeigt, macht sich der Einfluß der Druck-Dichte-Beziehung auf ω^2 erst beim Koeffizienten von $(q-q_0)^2$ bemerkbar. Entwickelt man zunächst die linke Seite von (3.5) nach Potenzen von $q-q_0$, so erhält man ohne Mühe

$$(3.9)\quad \sqrt{\frac{1-\frac{a_0^2}{a^2}q}{1-q_0}} = 1 - \frac{1}{2}\,\frac{1-a_1 q_0}{1-q_0}(q-q_0) + \dots$$

Um die rechte Seite von (3.5) in gleicher Weise nach Potenzen von $q-q_0$ zu entwickeln, bemerken wir zunächst, daß die Reihe (3.1) für $\frac{\varrho}{\varrho_0}$ wegen (3.7) folgendermaßen beginnt

$$\frac{\varrho}{\varrho_0} = 1 - \frac{1}{2}(q-q_0) + \dots$$

Ferner liefert die bekannte Potenzreihendarstellung für die Besselfunktion $J_0\left(\frac{k}{\sqrt{2}}\omega\right)$ nach Einführung von (3.8)

$$\left\{\frac{J_0\left(\frac{k}{\sqrt{2}}\omega\right)}{J_0\left(\frac{k}{\sqrt{2}}\right)}\right\}^2 = 1 - \frac{k}{\sqrt{2}}\,\frac{J_1\left(\frac{k}{\sqrt{2}}\right)}{J_0\left(\frac{k}{\sqrt{2}}\right)}\,\frac{\sqrt{1-q_0}}{q_0}(q-q_0) + \dots,$$

so daß sich für die rechte Seite von (3.5) die Reihenentwicklung

$$(3.10)\quad \begin{aligned}\frac{\varrho}{\varrho_0}\left\{\frac{J_0\left(\frac{k}{\sqrt{2}}\omega\right)}{J_0\left(\frac{k}{\sqrt{2}}\right)}\right\}^2 = \\ = 1 - \left\{\frac{1}{2} + \frac{k}{\sqrt{2}}\,\frac{\sqrt{1-q_0}}{q_0}\,\frac{J_1\left(\frac{k}{\sqrt{2}}\right)}{J_0\left(\frac{k}{\sqrt{2}}\right)}\right\}(q-q_0) + \dots\end{aligned}$$

ergibt. Da die beiden Reihen (3.9) und (3.10) wegen (3.5) gliedweise übereinstimmen müssen, erhält man zunächst durch Vergleich der Koeffizienten von $q - q_0$ die folgende Gleichung

$$\frac{1 - a_1 q_0}{1 - q_0} = 1 + \frac{k\sqrt{2}}{q_0}\sqrt{1 - q_0}\,\frac{J_1\left(\frac{k}{\sqrt{2}}\right)}{J_0\left(\frac{k}{\sqrt{2}}\right)}, \tag{3.11}$$

und durch Vergleich der Koeffizienten von $(q - q_0)^2$, $(q - q_0)^3$,... Beziehungen der Form

$$f_2(a_1, a_2, k, q_0) = 0, \quad f_3(a_1, a_2, a_3, k, q_0) = 0, \ldots. \tag{3.12}$$

Faßt man nun in (3.11) die Größe k als Funktion von q_0 und a_1 auf, so ergeben sich a_2, a_3, ... aus (3.12) ebenfalls als Funktionen von q_0 und a_1. Wegen (3.7) werden dann auch die Koeffizienten b_ν in der Potenzreihe (3.1) für $\frac{\varrho}{\varrho_0}$ Funktionen von q_0 und a_1.

Um durch geeignete Festlegung von p_0, a_0 und a_1 eine quadratische Approximation der Adiabatenkurve zu erreichen, ziehen wir zum Vergleich ein Gas heran, das dem Adiabatengesetz

$$\frac{\tilde{p}}{\tilde{p}_0} = \left(\frac{\varrho}{\varrho_0}\right)^\varkappa$$

gehorcht, und führen darin das spezifische Volumen $\sigma = \frac{1}{\varrho}$ ein. Die so entstehende Funktion

$$\frac{\tilde{p}}{\tilde{p}_0} = \left(\frac{\sigma_0}{\sigma}\right)^\varkappa \tag{3.13}$$

entwickeln wir in eine Taylorreihe

$$\tilde{p}(\sigma) = \tilde{p}_0 + \left(\frac{d\tilde{p}}{d\sigma}\right)_0 (\sigma - \sigma_0) + \frac{1}{2!}\left(\frac{d^2\tilde{p}}{d\sigma^2}\right)_0 (\sigma - \sigma_0)^2 + \cdots \tag{3.14}$$

mit den Koeffizienten

$$\left(\frac{d\tilde{p}}{d\sigma}\right)_0 = -\frac{\varkappa\tilde{p}_0}{\sigma_0} \qquad \left(\frac{d^2\tilde{p}}{d\sigma^2}\right)_0 = \frac{\varkappa(\varkappa + 1)\,\tilde{p}_0}{\sigma_0^2}, \cdots. \tag{3.15}$$

Andererseits gilt für ein Gas, das einer aus (2.9) folgenden Druck-Dichte-Beziehung genügt,

$$\frac{dp}{d\sigma} = \frac{dp}{d\varrho}\frac{d\varrho}{d\sigma} = -\frac{a^2}{\sigma^2}, \tag{3.16}$$

mithin

$$\left(\frac{dp}{d\sigma}\right)_0 = -\frac{a_0^2}{\sigma_0^2}. \tag{3.17}$$

Wählt man nunmehr

$$p_0 = \tilde{p}_0 \quad \text{und} \quad a_0^2 = \frac{\varkappa \tilde{p}_0}{\varrho_0} = \varkappa \tilde{p}_0 \sigma_0, \tag{3.18}$$

so erhält man aus (3.17) die erste der Gleichungen (3.15) und hat dadurch bereits eine Approximation erster Ordnung des Adiabatengesetzes (3.13) erzielt. Differenziert man die Gleichung (3.16) beiderseits nach σ, so ergibt sich zunächst

$$\frac{d^2 p}{d\sigma^2} = -\frac{\dfrac{d}{dq}(\varrho^2 a^2)}{\dfrac{d\sigma}{dq}}. \tag{3.19}$$

Ferner gilt bei Beachtung von (3.1)

$$\begin{aligned}\frac{d}{dq}(\varrho^2 a^2) &= 2\varrho_0^2 a_0^2 \frac{\varrho}{\varrho_0}\frac{a^2}{a_0^2}\frac{d}{dq}\left(\frac{\varrho}{\varrho_0}\right) + \varrho_0^2 a_0^2 \frac{\varrho^2}{\varrho_0^2}\frac{d}{dq}\left(\frac{a^2}{a_0^2}\right)\\ &= \varrho_0^2 a_0^2\left[2\frac{\varrho}{\varrho_0}\frac{a^2}{a_0^2}\{b_1 + 2b_2(q-q_0)+\cdots\} + \right.\\ &\quad \left. + \frac{\varrho^2}{\varrho_0^2}\{a_1 + 2a_2(q-q_0)+\cdots\}\right],\end{aligned}$$

$$\frac{d\sigma}{dq} = -\frac{\varrho_0}{\varrho^2}\frac{d}{dq}\left(\frac{\varrho}{\varrho_0}\right) = -\frac{\varrho_0}{\varrho^2}\{b_1 + 2b_2(q-q_0)+\cdots\}.$$

Diese Formeln lauten an der Stelle $\sigma = \sigma_0$, wenn man gemäß (3.7) $b_1 = -\frac{1}{2}$ einsetzt,

$$\left(\frac{d}{dq}(\varrho^2 a^2)\right)_0 = \varrho_0^2 a_0^2 (a_1 - 1), \quad \left(\frac{d\sigma}{dq}\right)_0 = \frac{1}{2\varrho_0}.$$

Aus (3.19) folgt dann unmittelbar die Beziehung

$$\left(\frac{d^2 p}{d\sigma^2}\right)_0 = 2\varrho_0^3 a_0^2 (1 - a_1),$$

die mit Benutzung von (3.18) und der Substitution $\varrho_0 = \frac{1}{\sigma_0}$ in

$$\left(\frac{d^2 p}{d\sigma^2}\right)_0 = 2\,\frac{\varkappa \tilde{p}_0}{\sigma_0^2}\,(1 - a_1) \tag{3.20}$$

übergeht. Um nun eine Approximation zweiter Ordnung der Adiabatenkurve (3.13) herzustellen, braucht man nur durch die Wahl von

$$a_1 = -\frac{\varkappa - 1}{2} \tag{3.21}$$

die Beziehung (3.20) auf die Form

$$\left(\frac{d^2 p}{d\sigma^2}\right)_0 = \frac{\varkappa(\varkappa + 1)\,\tilde{p}_0}{\sigma_0^2} \tag{3.22}$$

zu bringen und hat damit eine Übereinstimmung mit der zweiten Gleichung von (3.15) erzielt. Durch die Festlegung von p_0, a_0 und a_1 mittels (3.18) und (3.21) sind in den zulässigen Druck-Dichte-Beziehungen (3.1), (3.3) alle freien Parameter bestimmt, so daß eine Approximation von höherer als zweiter Ordnung des Adiabatengesetzes im Rahmen dieser Theorie nicht mehr möglich ist.

4. Das Konturproblem

Das Konturproblem besteht in der Ermittlung der Profilkontur $y = f(x)$ aus der Gleichung

$$\Psi(\omega, \vartheta) = 0. \tag{4.1}$$

Bekanntlich wird schon im inkompressiblen Fall die $\omega\vartheta$-Ebene vom Hodographenbild der üblichen Profilströmungen zweifach überdeckt. Wir fordern nun, daß der Charakter der Singularität im Punkt $w = w_0$, $\vartheta = 0$ (und damit auch im Bildpunkt $\omega = 1$, $\vartheta = 0$) beim kompressiblen Problem genau derselbe ist wie beim inkompressiblen; insbesondere sollen in beiden Fällen das Verzweigungsverhalten und die Ordnung der Unendlichkeitsstelle übereinstimmen. Diese Forderung erscheint physikalisch berechtigt, wenn man den Grenzübergang $M \to 0$ zur inkompressiblen Strömung als stetigen Vorgang betrachtet, bei dem weder Singularitäten hinzukommen noch verschwinden noch eine Änderung erfahren dürfen.

Zur Lösung des so formulierten Problems wird die Stromfunktion aufgespalten in

$$\Psi(\omega, \vartheta) = \Psi_1(\omega, \vartheta) + \Psi_2(\omega, \vartheta), \tag{4.2}$$

wobei Ψ_1 als singulärer Bestandteil dem geforderten Charakter der Singularität gerecht werden soll, während Ψ_2 als regulärer Bestandteil zur Erfüllung der Konturbedingung vorgesehen ist. Für die reduzierte Stromfunktion erhält man die analoge Aufspaltung

$$\psi(\omega, \vartheta) = \psi_1(\omega, \vartheta) + \psi_2(\omega, \vartheta), \tag{4.3}$$

wobei gemäß (2.7)

$$\Psi_i(\omega, \vartheta) = \frac{\psi_i(\omega, \vartheta)}{\sqrt{K(\omega)}} \quad (i = 1,2) \tag{4.4}$$

gesetzt worden ist.

Um den singulären Bestandteil in möglichst einfacher Gestalt zu erhalten, empfiehlt es sich, den Koordinatenursprung in den Punkt $\omega = 1, \vartheta = 0$ zu verlegen, was analytisch durch die Transformation (vgl. Abb. 1)

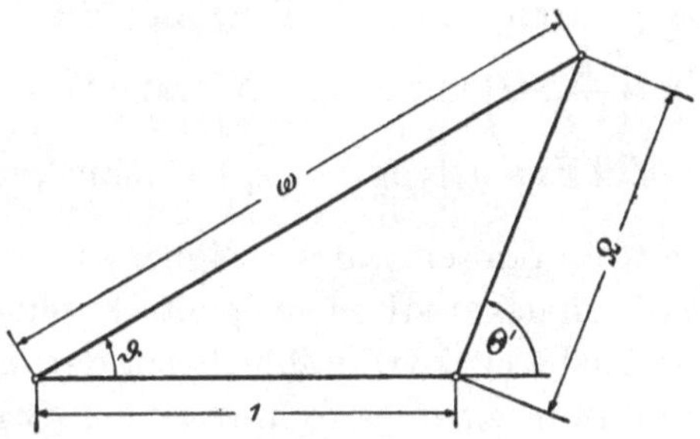

Abb. 1. Zusammenhang zwischen dem $\omega\vartheta$-System und dem $\Omega\Theta'$-System

$$\Omega \cos \Theta' = \omega \cos \vartheta - 1, \quad \Omega \sin \Theta' = \omega \sin \vartheta \tag{4.5}$$

geschieht. Dadurch geht (4.3) in

$$\psi^*(\Omega, \Theta') = \psi_1^*(\Omega, \Theta') + \psi_2^*(\Omega, \Theta') \tag{4.6}$$

über. Da der Laplace-Operator gegenüber der Transformation (4.5) invariant ist, was man auch leicht nachrechnen kann, bleibt die Wellengleichung (2.10) auch für $\psi^*(\Omega, \Theta')$ bestehen:

$$\triangle \psi^*(\Omega, \Theta') + \frac{k^2}{2} \psi^*(\Omega, \Theta') = 0. \tag{4.7}$$

Von dieser Gleichung kennen wir aber partikuläre Lösungen der Gestalt

$$Z_\nu\left(\frac{k}{\sqrt{2}}\,\Omega\right) \begin{matrix}\cos \nu\Theta' \\ \sin \nu\Theta'\end{matrix} \tag{4.8}$$

mit den Zylinderfunktionen

$$Z_\nu\left(\frac{k}{\sqrt{2}}\,\Omega\right) = c_\nu N_\nu\left(\frac{k}{\sqrt{2}}\,\Omega\right) + d_\nu J_\nu\left(\frac{k}{\sqrt{2}}\,\Omega\right),$$

wobei c_ν, d_ν Konstante bedeuten.

Wenn aus diesen Lösungen die zu einer Strömung um ein doppelsymmetrisches Profil gehörige Stromfunktion gemäß (4.6) aufgebaut werden soll, scheiden zunächst alle Lösungen mit $\sin \nu\Theta'$ aus. Der reguläre Bestandteil ψ_2^* ist nur aus Besselfunktionen $J_\nu\left(\frac{k}{\sqrt{2}}\,\Omega\right)$ mit $\nu \geqq 0$ herzustellen, während für den singulären Bestandteil ψ_1^* nur die Neumannschen Funktionen $N_\nu\left(\frac{k}{\sqrt{2}}\,\Omega\right)$ mit $\nu \geqq 0$ in Frage kommen.

Zur Ermittlung von ψ_1^* hat man dann aus der Schar $N_\nu\left(\frac{k}{\sqrt{2}}\,\Omega\right)$ mittels der eingangs erhobenen Forderungen über das Verzweigungsverhalten geeignete Funktionen auszusondern. Dabei ist zu bemerken, daß sich bei der Transformation der Stromfunktion einer inkompressiblen Strömung um ein doppeltsymmetrisches Profil in die Hodographenebene dieselbe Singularität im Bildpunkt der Grundströmung ergibt wie bei der inkompressiblen Strömung um die Kreiskontur. Deshalb genügt es, bei der Festlegung der Singularität der kompressiblen Strömung zum Vergleich die inkompressible Strömung um die Kreiskontur heranzuziehen. Für die weiteren Betrachtungen beschränken wir uns der Einfachheit halber ausschließlich auf zirkulationslose Strömungen.

Die inkompressible Strömung mit der Anströmgeschwindigkeit w_0 in Richtung der positiven x-Achse um den Kreis vom Radius R hat bekanntlich das komplexe Potential

$$F(z) = w_0\left(z + \frac{R^2}{z}\right) = U + iV \quad (z = x + iy). \tag{4.9}$$

Aus dem Geschwindigkeitsfeld

$$\frac{\partial U}{\partial x} = w \cos\vartheta, \quad \frac{\partial U}{\partial y} = w \sin\vartheta$$

gewinnt man die Stromfunktion

$$V(w, \vartheta) = R\sqrt{\frac{w_0}{2}} \cdot \sqrt{W + w\cos\vartheta - w_0} \cdot \left(\frac{w_0}{W} - 1\right) \tag{4.10}$$

in der Hodographenebene, wobei zur Abkürzung

$$W = \sqrt{w^2 + w_0^2 - 2ww_0\cos\vartheta}$$

eingeführt worden ist.

Ganz analog wie vorher der Koordinatenursprung der $\omega\vartheta$-Ebene in den Punkt $\omega = 1$, $\vartheta = 0$ verlegt wurde, führen wir jetzt den Ursprung der $w\vartheta$-Ebene in den entsprechenden Punkt $w = w_0$, $\vartheta = 0$ über. Das dadurch entstehende neue

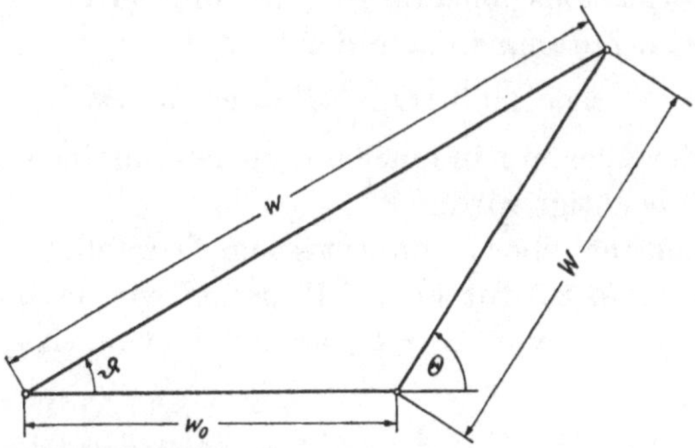

Abb. 2. Zusammenhang zwischen dem $w\vartheta$-System und dem $W\Theta$-System

$W\Theta$-Koordinatensystem ist mit dem alten durch die Transformationsgleichungen (vgl. Abb. 2)

$$W\cos\Theta = w\cos\vartheta - w_0, \quad W\sin\Theta = w\sin\vartheta \tag{4.11}$$

verknüpft, die vollkommen den Gleichungen (4.5) entsprechen. Wird dann analog zu (4.6)

$$V^*(W, \Theta) = V_1^*(W, \Theta) + V_2^*(W, \Theta) \tag{4.12}$$

gesetzt, so erhält man aus (4.10) für den singulären Bestandteil $V_1^*(W, \Theta)$ der Stromfunktion im inkompressiblen Falle

$$V_1^*(W, \Theta) = R \sqrt{w_0}^3 \frac{1}{\sqrt{W}} \cos \frac{\Theta}{2} \tag{4.13}$$

und für den regulären Bestandteil

$$V_2^*(W, \Theta) = -R \sqrt{w_0} \cdot \sqrt{W} \cos \frac{\Theta}{2}. \tag{4.14}$$

Die Forderung, daß im Punkt $W = 0$ beim kompressiblen und inkompressiblen Problem eine Singularität gleichen Charakters vorliegen soll, läßt sich analytisch folgendermaßen formulieren:

$$\lim_{W \to 0} \frac{\Psi_1^*(\Omega, \Theta')}{V_1^*(W, \Theta)} = 1. \tag{4.15}$$

Daß wir dabei Ψ_1^* und V_1^* nicht nur asymptotisch proportional, sondern sogar gleich gewählt haben, läuft lediglich auf eine Normierung von Ψ_1^* hinaus. Ferner ist zu beachten, daß die Transformationsgleichungen (4.5) und (4.11) wegen (2.4) zugleich einen Zusammenhang der Gestalt

$$\Omega = \Omega(W, \Theta), \quad \Theta' = \Theta'(W, \Theta) \tag{4.16}$$

festlegen, der aber nur in einer hinreichend kleinen Umgebung von $W = 0$ benötigt wird.

Zur Herleitung einer asymptotischen Darstellung des Funktionensystems (4.16) für kleine W gehen wir davon aus, daß in der Umgebung von $w = w_0$ an Stelle von (2.4) in erster Näherung

$$\omega - 1 \approx \lambda(w - w_0) \tag{4.17}$$

mit

$$\lambda \equiv \left(\frac{d\omega}{dw}\right)_0 = \frac{1}{w_0} \sqrt{1 - \frac{w_0^2}{a_0^2}}$$

gesetzt werden darf. Wenn man nun die in den Transformationsgleichungen (4.5) bzw. (4.11) enthaltenen Relationen

$$(4.18)\qquad \Omega = \sqrt{\omega^2 + 1 - 2\omega\cos\vartheta} \quad \text{bzw.} \quad W = \sqrt{w^2 + w_0^2 - 2ww_0\cos\vartheta}$$

heranzieht, so bestehen bei Berücksichtigung von $\cos\vartheta \approx 1$ für hinreichend kleine Umgebungen der Punkte $\omega = 1$, $\vartheta = 0$ der $\omega\vartheta$-Ebene bzw. $w = w_0$, $\vartheta = 0$ der $w\vartheta$-Ebene die Näherungsbeziehungen

$$(4.19)\qquad \Omega \approx |\omega - 1| \quad \text{bzw.} \quad W = |w - w_0|,$$

aus denen im Hinblick auf (4.17) in einer hinreichend kleinen Umgebung des Punktes $W = 0$ der $W\Theta$-Ebene

$$(4.20)\qquad \Omega \approx \lambda W$$

gefolgert werden kann. Aus (4.5) ergibt sich

$$\cos\frac{\Theta'}{2} = \sqrt{\frac{1 + \cos\Theta'}{2}} = \sqrt{\frac{\Omega + \omega\cos\vartheta - 1}{2\Omega}}$$

und ganz analog aus (4.11)

$$\cos\frac{\Theta}{2} = \sqrt{\frac{1 + \cos\Theta}{2}} = \sqrt{\frac{W + w\cos\vartheta - w_0}{2W}},$$

mithin wegen (4.17) und (4.20) in einer hinreichend kleinen Umgebung des Punktes $W = 0$ der $W\Theta$-Ebene

$$(4.21)\qquad \cos\frac{\Theta'}{2} \approx \cos\frac{\Theta}{2}.$$

Ebenso folgt

$$\sin\frac{\Theta'}{2} \approx \sin\frac{\Theta}{2}.$$

Damit sind wir aber in der Lage, die Neumannschen Funktionen für ψ_1^* auszusondern. Führen wir in die für kleine Werte von $\frac{k}{\sqrt{2}}\,\Omega$ gültigen Formeln

$$N_0\left(\frac{k}{\sqrt{2}}\,\Omega\right) \approx -\frac{2}{\pi}\ln\frac{2\sqrt{2}}{\gamma k\Omega} \quad (\gamma = 1{,}781072),$$

$$N_\nu\left(\frac{k}{\sqrt{2}}\,\Omega\right) \approx -\frac{1}{\sin\nu\pi\cdot\Gamma(1-\nu)}\left(\frac{2\sqrt{2}}{k\Omega}\right)$$

die Beziehung (4.20) ein, so ergibt sich

$$N_0\left(\frac{k}{\sqrt{2}}\lambda W\right) \approx -\frac{2}{\pi}\ln\frac{2\sqrt{2}}{\gamma k\lambda W},$$

$$N_\nu\left(\frac{k}{\sqrt{2}}\lambda W\right) \approx -\frac{1}{\sin\nu\pi\cdot\Gamma(1-\nu)}\left(\frac{2\sqrt{2}}{k\lambda W}\right)^\nu.$$

Setzt man nun $\psi_1^*(\Omega, \Theta')$ gemäß (4.8) in der Form

$$\psi_1^*(\Omega, \Theta') = c_\nu N_\nu\left(\frac{k}{\sqrt{2}}\Omega\right)\cos\nu\Theta' \tag{4.22}$$

an, so muß wegen (4.13) und (4.15) $\nu = \frac{1}{2}$ gewählt werden, da nur $N_{\frac{1}{2}}\left(\frac{k}{\sqrt{2}}\lambda W\right)$ für $W \to 0$ wie $W^{-\frac{1}{2}}$ unendlich wird. Aus

$$\psi_1^*(\Omega, \Theta') = c_{\frac{1}{2}} N_{\frac{1}{2}}\left(\frac{k}{\sqrt{2}}\Omega\right)\cos\frac{\Theta'}{2}$$

folgt dann bei Beachtung von (4.21) die in einer hinreichend kleinen Umgebung von $W = 0$ gültige Darstellung

$$\psi_1^*(\Omega, \Theta') \approx -c_{\frac{1}{2}}\frac{1}{\sqrt{\pi}}\left(\frac{2\sqrt{2}}{k\lambda W}\right)^{\frac{1}{2}}\cos\frac{\Theta}{2}.$$

Gemäß (4.4) setzen wir noch

$$\Psi_1^*(\Omega, \Theta') = \frac{\psi_1^*(\Omega, \Theta')}{\sqrt{K(\omega)}}. \tag{4.23}$$

Da sich aus (2.12) bei Beschränkung auf $\omega \approx 1$

$$K(\omega) \approx \sqrt{1-q_0} \tag{4.24}$$

ergibt, erhalten wir wiederum in einer hinreichend kleinen Umgebung von $W = 0$

$$\Psi_1^*(\Omega, \Theta') \approx -c_{\frac{1}{2}}\frac{1}{\sqrt[4]{1-q_0}\sqrt{\pi}}\left(\frac{2\sqrt{2}}{k\lambda W}\right)^{\frac{1}{2}}\cos\frac{\Theta}{2}. \tag{4.25}$$

Die Bedingung (4.15) liefert sodann die Konstante

$$c_{\frac{1}{2}} = -\sqrt[4]{2(1-q_0)}\,\frac{R}{2}\sqrt{\pi k\lambda w_0^3}. \tag{4.26}$$

Für den singulären Bestandteil $\Psi_1^*(\Omega, \Theta')$ der Stromfunktion ergibt sich aus (4.23) bei Beachtung von (2.12) und (4.22) schließlich

(4.27)
$$\Psi_1^*(\Omega, \Theta') = -\frac{1}{\sqrt[4]{1-q_0}} \frac{J_0\left(\frac{k}{\sqrt{2}}\right)}{J_0\left(\frac{k}{\sqrt{2}}\,\omega\right)} c_{\frac{1}{2}} J_{-\frac{1}{2}}\left(\frac{k}{\sqrt{2}}\,\Omega\right) \cos\frac{\Theta'}{2},$$

wobei $N_{\frac{1}{2}} = -J_{-\frac{1}{2}}$ gesetzt ist, während man aus (4.5) $\omega = \sqrt{\Omega^2 + 1 + 2\Omega\cos\Theta'}$ zu entnehmen hat.

Wie im inkompressiblen Fall nehmen wir auch im kompressiblen an, daß das Bild T_{III} des Strömungsgebietes die $\omega\vartheta$-Ebene in Form einer zweiblättrigen Riemannschen Fläche überdeckt, die einen Verzweigungspunkt bei $\omega = 1$, $\vartheta = 0$ aufweist; in der $\Omega\Theta'$-Ebene liegt dann dieser Verzweigungspunkt im Ursprung. Da es sich um eine zirkulationslose Strömung um ein doppeltsymmetrisches Profil handelt, dessen Kontur durch (4.1) festgelegt ist, haben wir uns auf dieser zweiblättrigen Riemannschen Fläche über der $\Omega\Theta'$-Ebene die durch (4.6) gegebene reduzierte Stromfunktion $\psi^*(\Omega, \Theta')$ so erklärt zu denken, daß sie

1. in Punkten desselben Blattes, die symmetrisch zur Achse $\Theta' = 0$ liegen, gleiche Funktionswerte und
2. in übereinanderliegenden Punkten der beiden Blätter entgegengesetzt gleiche Funktionswerte annimmt.

Wie aus (4.22) ersichtlich ist, erfüllt der singuläre Bestandteil $\psi_1^*(\Omega, \Theta')$ bereits diese Bedingungen, mithin muß sie auch der reguläre Bestandteil $\psi_2^*(\Omega, \Theta')$ erfüllen. Daher kommen für den Aufbau von $\psi_2^*(\Omega, \Theta')$ aus der Funktionenschar (4.8) nur Besselfunktionen mit dem Index $\nu = \frac{1}{2}, \frac{3}{2}, \frac{5}{2}, \ldots$ in Frage; es ergibt sich also

$$(4.28) \qquad \psi_2^*(\Omega, \Theta') = \sum_{\mu=0}^{\infty} d_{\mu+\frac{1}{2}} J_{\mu+\frac{1}{2}}\left(\frac{k}{\sqrt{2}}\,\Omega\right) \cos\left\{\left(\mu + \frac{1}{2}\right)\Theta'\right\}.$$

Dabei wird vorausgesetzt, daß diese Reihe und ihre durch gliedweise Differentiation gebildeten Ableitungen zweiter Ordnung ebenfalls gleichmäßig in beiden Variablen konvergieren, so daß $\psi_2^*(\Omega, \Theta')$ eine Lösung der Wellengleichung (4.7) darstellt. Aus (4.6), (4.27) und (4.28) folgt dann

$$\Psi^*(\Omega, \Theta') = \frac{1}{\sqrt[4]{1-q_0}} \frac{J_0\left(\frac{k}{\sqrt{2}}\right)}{J_0\left(\frac{k}{\sqrt{2}}\,\omega\right)} \left[-c_{\frac{1}{2}} J_{-\frac{1}{2}}\left(\frac{k}{\sqrt{2}}\,\Omega\right) \cos\frac{\Theta'}{2} \right.$$

(4.29)

$$\left. + \sum_{\mu=0}^{\infty} d_{\mu+\frac{1}{2}} J_{\mu+\frac{1}{2}}\left(\frac{k}{\sqrt{2}}\,\Omega\right) \cos\left\{\left(\mu+\frac{1}{2}\right)\Theta'\right\}\right]^{1}.$$

Den Übergang von den Koordinaten Ω, Θ' zu den Koordinaten ω, ϑ bei $\Psi^*(\Omega, \Theta')$ kann man im Falle $\omega \neq 1$ vorteilhaft mit Hilfe der Additionstheoreme der Zylinderfunktionen (vgl. dazu R. WEYRICH [6] S. 92, 93)

$$(-1)^\nu e^{-i\nu\Theta'} Z_\nu\left(\frac{k}{\sqrt{2}}\,\Omega\right) =$$

$$= \sum_{\mu=-\infty}^{\infty} J_\mu\left(\frac{k}{\sqrt{2}}\,\omega\right) Z_{\nu+\mu}\left(\frac{k}{\sqrt{2}}\right) e^{i\mu\vartheta} \quad \text{für } \omega < 1$$

(4.30)

$$e^{i\nu\Theta'} Z_\nu\left(\frac{k}{\sqrt{2}}\,\Omega\right) =$$

$$= \sum_{\mu=-\infty}^{\infty} J_\mu\left(\frac{k}{\sqrt{2}}\right) Z_{\nu+\mu}\left(\frac{k}{\sqrt{2}}\,\omega\right) e^{i(\nu+\mu)\vartheta} \quad \text{für } \omega > 1$$

durchführen.

Für die Erfüllung der Konturbedingung stehen in (4.29) die bisher noch freien Konstanten $d_{\nu+\frac{1}{2}}$ zur Verfügung. Zu

---

[1] Da $K(w)$ gemäß (2.2) für $M < 1$ keine Nullstelle besitzt, kann auch $K(\omega)$ gemäß (2.12) im Bild des Strömungsgebietes nicht verschwinden, d. h. in (4.29) ist $J_0\left(\frac{k}{\sqrt{2}}\,\omega\right) \neq 0$.

ihrer Ermittlung liegt es nahe, die bekannten Relationen

$$dx = x_w dw + x_\vartheta d\vartheta \quad dy = y_w dw + y_\vartheta d\vartheta$$

und

$$x_w = \frac{1}{w}\left(\cos\vartheta\,\Phi_w - \frac{\varrho_0}{\varrho}\sin\vartheta\,\Psi_w\right),$$

$$x_\vartheta = \frac{1}{w}\left(\cos\vartheta\,\Phi_\vartheta - \frac{\varrho_0}{\varrho}\sin\vartheta\,\Psi_\vartheta\right)$$

$$y_w = \frac{1}{w}\left(\sin\vartheta\,\Phi_w + \frac{\varrho_0}{\varrho}\cos\vartheta\,\Psi_w\right),$$

$$y_\vartheta = \frac{1}{w}\left(\sin\vartheta\,\Phi_\vartheta + \frac{\varrho_0}{\varrho}\cos\vartheta\,\Psi_\vartheta\right)$$

heranzuziehen. Hieraus ergibt sich dann mit Hilfe von (2.1) in bekannter Weise eine Abbildung des Gebietes T_{III} der $\omega\vartheta$-Ebene auf das Strömungsgebiet T_I der xy-Ebene in Gestalt des Gleichungssystems

$$(4.31)\quad \begin{aligned} x &= -\int \frac{\varrho_0}{\varrho}\left[\frac{1-M^2}{w^2}\,\Psi_\vartheta\cos\vartheta\,\frac{dw}{d\omega} + \frac{1}{w}\,\Psi_\omega\sin\vartheta\right]d\omega \\ &\quad + \int \frac{\varrho_0}{\varrho}\left[\Psi_\omega\cos\vartheta\,\frac{d\omega}{dw} - \frac{1}{w}\,\Psi_\vartheta\sin\vartheta\right]d\vartheta + C_1 \\ y &= -\int \frac{\varrho_0}{\varrho}\left[\frac{1-M^2}{w^2}\,\Psi_\vartheta\sin\vartheta\,\frac{dw}{d\omega} - \frac{1}{w}\,\Psi_\omega\cos\vartheta\right]d\omega \\ &\quad + \int \frac{\varrho_0}{\varrho}\left[\Psi_\omega\sin\vartheta\,\frac{d\omega}{dw} + \frac{1}{w}\,\Psi_\vartheta\cos\vartheta\right]d\vartheta + C_2, \end{aligned}$$

wobei die Integrationskonstanten C_1 und C_2 noch in geeigneter Weise festzulegen sind. Da die Auflösung dieses Systems nach den Unbekannten $d_{\nu+\frac{1}{2}}$ mit großen Schwierigkeiten verknüpft ist, wollen wir hier nicht näher darauf eingehen.

Vorerst begnügen wir uns mit einem einfachen Beispiel einer Unterschallströmung um eine geschlossene Kontur mit zwei Staupunkten. Zu diesem Zweck wird in (4.29)

$$d_{\nu+\frac{1}{2}} = 0 \quad (\nu = 1, 2, \ldots)$$

gesetzt, so daß die Stromfunktion in der $\Omega\Theta'$-Ebene durch

$$\overline{\Psi}^*(\Omega, \Theta') = \frac{1}{\sqrt[4]{1-q_0}} \frac{J_0\left(\frac{k}{\sqrt{2}}\right)}{J_0\left(\frac{k}{\sqrt{2}}\omega\right)} \left[- c_{\frac{1}{2}} J_{-\frac{1}{2}}\left(\frac{k}{\sqrt{2}}\Omega\right) \right. \tag{4.32}$$

$$\left. + d_{\frac{1}{2}} J_{\frac{1}{2}}\left(\frac{k}{\sqrt{2}}\Omega\right)\right] \cos\frac{\Theta'}{2}$$

gegeben wird und die zugehörige Kontur aus der Gleichung

$$\overline{\Psi}^*(\Omega, \Theta') = 0 \tag{4.33}$$

zu ermitteln ist. Damit diese Kontur in der Strömungsebene zwei Staupunkte aufweist, muß ihre in der Riemannschen Fläche der $w\vartheta$-Ebene verlaufende Bildkurve durch die beiden übereinanderliegenden Punkte $w = 0$ und die entsprechende Kurve in der Riemannschen Fläche der $w\vartheta$-Ebene durch die beiden übereinanderliegenden Punkte $\omega = 0$ hindurchgehen. Diese Punkte haben im $\Omega\Theta'$-System die Koordinaten $\Omega = 1$, $\Theta' = \pm\,\pi$, für die daher (4.33) erfüllt sein muß. Wegen (4.32)

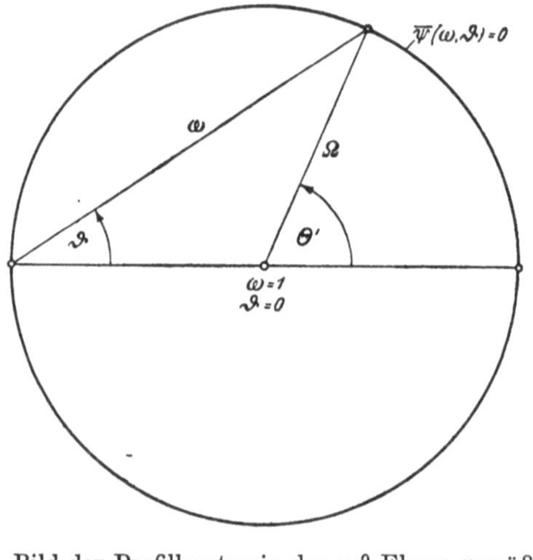

Abb. 3. Bild der Profilkontur in der $\omega\vartheta$-Ebene gemäß (4.35)

ist die Kurve (4.33) durch die Bedingung

$$-c_{\frac{1}{2}} J_{-\frac{1}{2}}\left(\frac{k}{\sqrt{2}}\,\Omega\right) + d_{\frac{1}{2}} J_{\frac{1}{2}}\left(\frac{k}{\sqrt{2}}\,\Omega\right) = 0 \tag{4.34}$$

charakterisiert. Durch Wahl von $\Omega = 1$ in (4.34) ist $d_{\frac{1}{2}}$ bestimmt, weil $c_{\frac{1}{2}}$ bereits durch (4.26) und k durch (3.11) festgelegt sind. Da alle Lösungen von (4.34), die zu demselben Wert $d_{\frac{1}{2}}$ gehören, konzentrische Kreise um $\Omega = 0$ sind, kommt auf Grund der Staupunktsbedingung nur die in beiden Blättern

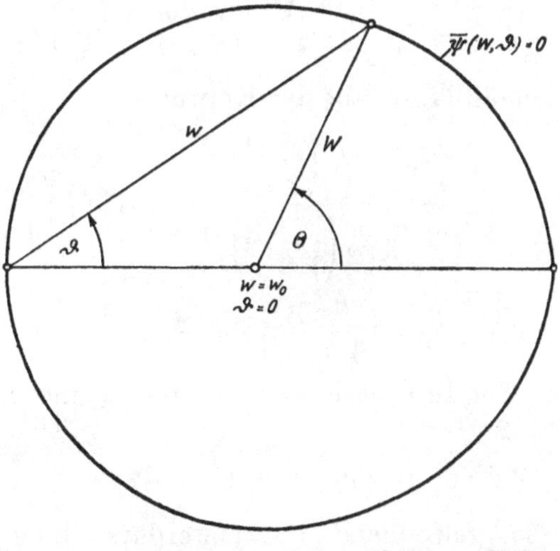

Abb. 4. Bild der Profilkontur in der $w\vartheta$-Ebene (Hodograph)

der Riemannschen Fläche verlaufende geschlossene Kurve $\Omega = 1$ in Frage (vgl. Abb. 3). Das von dieser Kurve berandete endliche Stück der Riemannschen Fläche wollen wir als Bild von T_I auffassen. Im $\omega\vartheta$-System werden die Randkurven in jedem Blatt nach (4.5) durch die Gleichung

$$\omega = 2 \cos \vartheta \tag{4.35}$$

dargestellt, woraus man mit Hilfe von (3.8) das Hodographenbild in der $w\vartheta$-Ebene erhält (vgl. Abb. 4).

Der Übergang zur Kontur $y = \bar{f}(x)$ in der Strömungsebene wird jetzt durch Einführung von $\overline{\Psi}(\omega, \vartheta) = \overline{\Psi}^* (\Omega, \Theta')$ in das System (4.31) vollzogen. Mit Hilfe der aus (4.33) folgenden Beziehung

$$\frac{d\omega}{d\vartheta} = -\frac{\overline{\Psi}_\vartheta}{\overline{\Psi}_\omega} \tag{4.36}$$

kann man in (4.31) eine der partiellen Ableitungen von $\overline{\Psi}(\omega, \vartheta)$ — etwa $\overline{\Psi}_\vartheta(\omega, \vartheta)$ — eliminieren und erhält auf diese Weise, wenn man ϑ als unabhängige Veränderliche wählt,

$$x = \int g(\vartheta) \cos \vartheta \, d\vartheta + C_1, \quad y = \int g(\vartheta) \sin \vartheta \, d\vartheta + C_2 \tag{4.37}$$

mit

$$g(\vartheta) = \frac{\varrho_0}{\varrho} \left[\frac{1 - M^2}{w^2} \frac{dw}{d\vartheta} \frac{d\omega}{d\vartheta} + \frac{d\omega}{dw} \right] \overline{\Psi}_\omega,$$

wobei man gemäß (4.32) auf der Kontur

$$\overline{\Psi}_\omega(\omega, \vartheta) = \frac{1}{\sqrt[4]{1 - q_0}} \frac{J_0\left(\frac{k}{\sqrt{2}}\right)}{J_0\left(\frac{k}{\sqrt{2}}\,\omega\right)} \frac{k}{\sqrt{2}} \left[c_{\frac{1}{2}} J_{\frac{1}{2}}\left(\frac{k}{\sqrt{2}}\,\Omega\right) + \right.$$
$$\left. + d_{\frac{1}{2}} J_{-\frac{1}{2}}\left(\frac{k}{\sqrt{2}}\,\Omega\right) \right] \cos^2 \vartheta$$

zu setzen hat. Die Integrationskonstanten C_1 und C_2 sind so zu bestimmen, daß

$$x = -1 \quad \text{und} \quad y = 0 \qquad \text{für } \vartheta = \frac{\pi}{2} \tag{4.38}$$

wird. Die so gewonnene Parameterdarstellung $x = x(\vartheta)$, $y = y(\vartheta)$ liefert dann die gesuchte Profilkontur $y = \bar{f}(x)$. Die Geschwindigkeitsverteilung $\frac{w}{w_0}$ an dieser Kontur ist durch den Hodographen in der $w\vartheta$-Ebene bestimmt.

Das oben behandelte Beispiel wurde mit den Vorgaben

$w_0 = 100$ m/sek, $a_0 = 337{,}222$ m/sek, $\varkappa = 1{,}4$, $R = 1$ m

durchgerechnet[1]. Für die in (4.32) vorkommenden Konstanten

[1] Die Rechnungen wurden von Herrn H. TOELLE im II. Mathematischen Institut der Martin-Luther-Universität Halle-Wittenberg ausgeführt.

k, $c_{\frac{1}{2}}$ und $d_{\frac{1}{2}}$ ergaben sich wegen (3.11), (4.26) und (4.34)

$$k = 0{,}146, \quad c_{\frac{1}{2}} = -38{,}445, \quad d_{\frac{1}{2}} = -371{,}333.$$

Die Kurve $\Omega = 1$ in der Riemannschen Fläche der $\Omega\dot{\Theta}'$-Ebene (vgl. Abb. 3) liefert als Hodographenbild eine topologisch gleichartige Kurve in der Riemannschen Fläche der $w\vartheta$-Ebene (vgl. Abb. 4). Zur Ermittlung der Kontur $y = \bar{f}(x)$ wurden zunächst die Integranden in (4. 37) für die Werte $\vartheta = 0°, 5°, 10°, \ldots, 90°$ berechnet und die vorkommenden Integrale graphisch bestimmt (vgl. Tabelle 1). Für die Integrationskonstanten ergaben sich gemäß (4.38)

$$C_1 = 0 \quad \text{und} \quad C_2 = 1{,}055$$

und damit für die Parameterdarstellung $x = x(\vartheta)$, $y = y(\vartheta)$ der Kontur die ebenfalls in Tabelle 1 eingetragenen Werte. Wie Abb. 5 zeigt, sind die Abweichungen der Kontur $y = \bar{f}(x)$

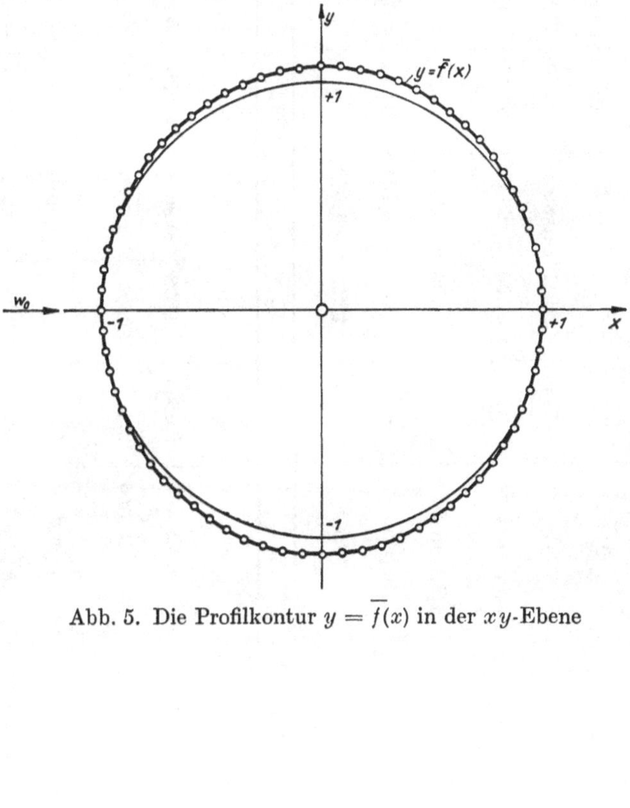

Abb. 5. Die Profilkontur $y = \bar{f}(x)$ in der xy-Ebene

Tabelle 1

ν	0	1	2	3	4	5	6	7	8	9
ϑ_ν	0°	5°	10°	15°	20°	25°	30°	35°	40°	45°
$(\vartheta g)_\nu$	0,7888	0,7941	0,8090	0,8310	0,8568	0,8834	0,9079	0,9287	0,9450	0,9566
$\int_0^{\vartheta_\nu} g(\vartheta_\nu) \cos \vartheta d\vartheta$	0	31,50	63,20	95,15	127,35	159,50	191,25	222,20	251,85	279,85
$\int_0^{\vartheta_\nu} g(\vartheta_\nu) \sin \vartheta d\vartheta$	0	1,30	5,45	12,55	22,75	35,95	52,35	72,00	94,70	120,35
$x(\vartheta_\nu)$	0	—0,077	—0,154	—0,233	—0,311	—0,390	—0,467	—0,543	—0,615	—0,684
$y(\vartheta_\nu)$	1,055	1,052	1,042	1,024	0,999	0,967	0,927	0,879	0,824	0,761

ν	9	10	11	12	13	14	15	16	17	18
ϑ_ν	45°	50°	55°	60°	65°	70°	75°	80°	85°	90°
$g(\vartheta_\nu)$	0,9566	0,9638	0,9673	0,9680	0,9667	0,9644	0,9618	0,9599	0,9604	0,9619
$\int_0^{\vartheta_\nu} g(\vartheta_\nu) \cos \vartheta d\vartheta$	279,85	305,85	329,30	350,05	367,95	382,80	394,35	402,65	407,65	409,25
$\int_0^{\vartheta_\nu} g(\vartheta_\nu) \sin \vartheta d\vartheta$	120,35	148,55	179,10	211,70	245,95	281,50	318,10	355,55	393,50	431,75
$x(\vartheta_\nu)$	—0,684	—0,747	—0,805	—0,855	—0,899	—0,935	—0,964	—0,984	—0,996	—1,000
$y(\vartheta_\nu)$	0,761	0,692	0,617	0,538	0,454	0,367	0,278	0,186	0,094	0

vom Kreise mit dem Radius $R = 1$ verhältnismäßig gering (maximal $\approx 5{,}5\%$). Die Geschwindigkeitsverteilung $\frac{w}{w_0}$ auf der Kontur in Abhängigkeit von $\varphi = \operatorname{arc\,tg} \frac{y}{x}$ zeigt Abb. 6. Schließlich wurde aus den oben angeführten Vorgaben, die der Machzahl

$$M_0 = \frac{w_0}{a_0} = 0{,}297$$

entsprechen, in Tabelle 2 eine Reihe von Funktionswerten der Druck-Dichte-Beziehung (3.1) (3.3) angegeben und mit den entsprechenden Werten des Adiabatengesetzes verglichen.

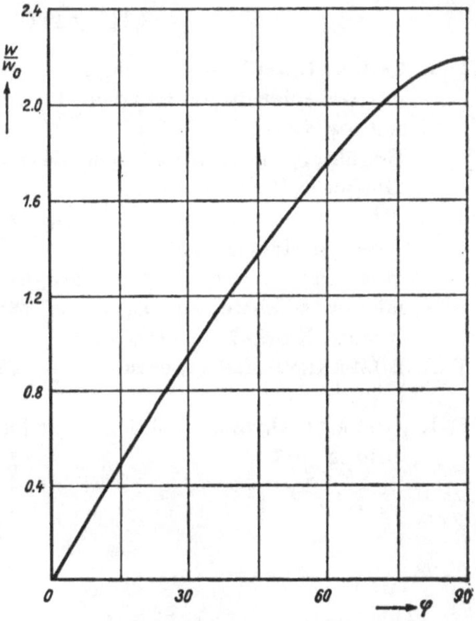

Abb. 6. Geschwindigkeitsverteilung $\frac{w}{w_0}$ auf der Profilkontur $y = \bar{f}(x)$ bei kompressibler Umströmung

Tabelle 2

q	ϱ/ϱ_0	p/p_0	$\tilde{p}/p_0$	$p/p_0 - \tilde{p}/p_0$
0	1,0446	1,0629	1,0629	0,0000
0,2	0,9449	0,9237	0,9237	0,0000
0,4	0,8513	0,7986	0,7982	+ 0,0004
0,6	0,7636	0,6874	0,6855	+ 0,0019
0,8	0,6820	0,5903	0,5852	+ 0,0051
1,0	0,6064	0,5071	0,4964	+ 0,0107

LITERATUR

[1] R. SAUER: Unterschallströmungen um Profile bei quadratisch approximierter Adiabate. Sitzungsber. d. Bayer. Akad. d. Wissensch. Math.-naturw. Klasse Nr. 9 (1951).

[2] — Einführung in die theoretische Gasdynamik. Springer-Verlag, Berlin/Göttingen/Heidelberg 1951.

[3] W. MÜLLER: Gasströmungen bei quadratisch angenäherter Adiabate. Diss. TH München (1953).

[4] — Hodographenmethode der Gasdynamik bei quadratisch approximierter Adiabate. Sitzungsber. d. Bayer. Akad. d. Wissensch. Math. naturw. Klasse Nr. 28 (1953).

[5] A. BUSEMANN: Hodographenmethode der Gasdynamik. ZAMM Bd. 17 (1937).

[6] R. WEYRICH: Zylinderfunktionen und ihre Anwendungen. B. G. Teubner, Leipzig 1937.

BERICHTE ÜBER DIE VERHANDLUNGEN DER SÄCHSISCHEN AKADEMIE DER WISSENSCHAFTEN ZU LEIPZIG

MATHEMATISCH-NATURWISSENSCHAFTLICHE KLASSE

Band 97

Heft 1 Prof. Dr. ERICH STRACK, Beobachtungen über den endogenen Anteil des Kot-Stickstoffs
24 Seiten — 8° — 1949 — DM 2,50 (*vergriffen*)

Heft 2 Prof. Dr. ERNST HÖLDER, Über die Variationsprinzipe der Mechanik der Kontinua
13 Seiten — 8° — 1950 — DM 2,75 (*vergriffen*)

Heft 3 Dr. H. GERSTNER / Dr. H. BAARK / Dr. H. GRAUL, Der Wechselstromwiderstand der Froschhaut — 25 Seiten — 8° — 1950 — DM 2,75

Heft 4 Dr. HERBERT BECKERT, Existenz- und Eindeutigkeitsbeweise für das Differenzverfahren zur Lösung des Anfangswertproblems, des gemischten Anfangs-, Randwert und des charakteristischen Problems einer hyperbolischen Differentialgleichung zweiter Ordnung mit zwei unabhängigen Variablen
42 Seiten — 8° — 1950 — DM 9,—

Heft 5 Dr. HERBERT BECKERT, Über quasilineare hyperbolische Systeme partieller Differentialgleichungen erster Ordnung mit zwei unabhängigen Variablen. Das Anfangswertproblem, die gemischte Anfangs-Randwertaufgabe, das charakteristische Problem
68 Seiten — 8° — 1952 — DM 14,50 (*vergriffen*)

Heft 6 Prof. Dr.-Ing. ENNO HEIDEBROEK, Das Verhalten von zähen Flüssigkeiten, insbesondere Schmierflüssigkeiten, in engen Spalten
Nachdruck — 40 Seiten — 24 Abbildungen — 8° — 1952 — DM 5,80

Heft 7 Prof. Dr. HANS SCHUBERT, Über eine lineare Integrodifferentialgleichung mit Zusatzkern
52 Seiten — 8° — 1950 — DM 9,25

Heft 8 Dipl. phys. HELMAR KRUPP, Bestimmung der allgemeinen Lösung der Schrödinger Gleichung für Coulomb-Potential
28 Seiten — 8° — 1950 — DM 5,50 (*vergriffen*)

Band 98

Heft 1 Prof. Dr. WALTER SCHNEE, Über magische Quadrate und lineare Gitterpunktprobleme
48 Seiten — 8° — 1951 — DM 4,65 (*vergriffen*)

Heft 2 Prof. Dr.-Ing. ENNO HEIDEBROEK, Über die Beziehungen zwischen Schmierung und Verschleiß bei geschmierter Gleitreibung
Nachdruck — 36 Seiten — 5 Abbildungen — 8° — 1954 — DM 2,75

Heft 3 Prof. Dr.-Ing. e. h. KARL KEGEL, Der Salzstock Mirowo bei Provadia in Bulgarien
26 Seiten — 9 Abbildungen — 8° — 1951 — DM 3,— (*vergriffen*)

Heft 4 Dr. HERBERT BECKERT, Bemerkungen über die Verbiegung hyperbolisch gekrümmter Flächenstücke
Dr. HANS SALIÈ, Über Abels Verallgemeinerung der binomischen Formel
22 Seiten — 2 Abbildungen — 8° — 1951 — DM 2,25

Heft 5 Prof. Dr. ERICH STRACK, Die Dauerinfusion als Verfahren zur Erforschung des Kohlenhydratstoffwechsels des Tierkörpers
20 Seiten — 8° — 1952 — DM 2,—

Band 99

Heft 1 Prof. Dr. HEINRICH BRANDT, Über das quadratische Reziprozitätsgesetz 18 Seiten — 8° — 1951 — DM 1,90

Heft 2 Prof. Dr. GEORG SPACKELER, Der Gebirgsdruck und seine Beherrschung durch den Bergmann
36 Seiten — 12 Abbildungen — 8° — 1951 — DM 1,65

Heft 3 Prof. Dr. ERNST DIEPSCHLAG, Die Anwendbarkeit der Regelungstechnik in der Hüttenindustrie
38 Seiten — 12 Bilder — 8° — 1952 — DM 3,90

Heft 4 Prof. Dr. ALBERT FROMME, Die Bedeutung der Entwicklungsgeschichte, besonders des Mesenchyms für die Klinik
24 Seiten — 8° — 1952 — DM 1,75

Heft 5 Dr. ROBERT BÖKER, Die Entstehung der Sternsphäre Arats
68 Seiten — 4 Abbildungen — 2 Ausschlagtafeln — 3 Tabellen — 8° — 1952 — DM 5,60

Band 100

Heft 1 Prof. Dr. HEINRICH BRANDT, Über Stammfaktoren bei ternären quadratischen Formen 24 Seiten — 8° — 1952 — DM 2,25

Heft 2 Prof. Dr. PAUL GÜNTHER, Zur Gültigkeit des Huygens'schen Prinzips bei partiellen Differentialgleichungen vom normalen hyperbolischen Typus 43 Seiten — 8° — 1952 — DM 5,—

Heft 3 Dr. ALFRED MÜLLER, Die Schaubarkeit in der Axonometrie
22 Seiten — 3 Ausschlagtafeln — 8° — 1952 — DM 3,—

Heft 4 Prof. Dr.-Ing. ENNO HEIDEBROEK, Die Beziehungen zwischen Härte, Schmierung und Verschleißfestigkeit
Nachdruck — 40 Seiten — 10 Abbildungen — 8° — 1954 — DM 3,40

Heft 5 Prof. Dr. ROBERT SCHRÖDER, Frauenheilkunde in Forschung und Praxis 22 Seiten — 8° — 1952 — DM 1,35

Heft 6 Dr. ROLF REISSIG, Die pandiagonalen Quadrate vierter Ordnung
54 Seiten — 8° — 1953 — DM 5,—

Heft 7 Prof. Dr. MAX ROBITZSCH, Die Erforschung der Atmosphäre, ihre Methodik und ihre Probleme
30 Seiten — 12 Abbild. — 4 Kunstdrucktafeln — 8° — 1952 — DM 2,50

Band 101

Heft 1 Prof. Dr. KURT SCHWABE, Periodische Erscheinungen bei der anodischen Auflösung des Zinks
33 Seiten — 14 Abbildungen — 8° — 1954 — DM 3,—

Heft 2 UDO PIRL, Positive Lösungen einer nichtlinearen Integralgleichung
44 Seiten — 2 Abbildungen im Text — 8° — 1953 — DM 4,—

Heft 3 Dr. JOACHIM FOCKE, Asymptotische Entwicklungen mittels der Methode der stationären Phase 48 Seiten — 8° — 1955 — DM 4,80

Heft 4 Dr. HANS SALIÈ, Zur Verteilung natürlicher Zahlen auf elementfremde Klassen 26 Seiten — 8° — 1954 — DM 2,50

Heft 5 Prof. Dr.-Ing. ENNO HEIDEBROEK, Die Verantwortlichkeit des Ingenieurs 22 Seiten — 8° — 1954 — DM 1,—

FSC
www.fsc.org
MIX
Papier | Fördert
gute Waldnutzung
FSC® C083411

Kolibri 360 GmbH
Ferdinand-Jühlke-Straße 7
99095 Erfurt, Deutschland
produktsicherheit@kolibri360.de